Fluid-Filament-Wechselwirkung (FFW). Vortex-SuPerformance

Michel Felgenhauer

Bibliografische Information der Deutschen Nationalbibliothek:

Die Deutsche Nationalbibliothek verzeichnet diese Publikation in der Deutschen Nationalbibliografie; detaillierte bibliografische Daten sind im Internet über http://dnb.d-nb.de abrufbar.

ISBN: 9783346804464
Dieses Buch ist auch als E-Book erhältlich.

Fluid-Filament- Wechselwirkung (FFW)

Vortex- SuPerformance

Michel Felgenhauer, Berlin 2023

Es existiert heute keine Theorie der fadenförmigen Wirbelfilamente in einer fluidischen Umgebung. Eine Phänomenologie spiraliger Wirbelformationen fußt einerseits auf der klassischen Wirbelphysik und auf der anderen Hand, der Definition Lagrange Kohärenter Systeme. Die Helmholtz'schen Wirbelsätze sind eine Grundlage der Physik faderförmiger Lagrange Kohärenter Systeme, die zusammenhängend sind und eine Pfadabhängigkeit ihrer physikalischen Wechselwirkungseigenschaften besitzen!

Im Simulationsmodell trifft ein ruhendes Fluid auf flexible Formen bewegter Lagrange Kohärenter Konturen; diese beeinflussen sich gegenseitig und organi-sieren das sie umgebende Fluid.

Der algorithmische Kern der Fluid-Filament-Wechselwirkung wird erörtert.

There is no theory of threadlike vortex tubes in a fluidic environment. A phenomenology of spiral vortex formations is based on the one hand on classical vortex physics and on the other hand on the definition of Lagrangian coherent systems. The Helmholtz vorticity sets are a basis of the physics of filamentous Lagrangian coherent systems that are connected and have a path dependence of their physical interaction properties!

In the simulation model, a fluid at rest meets flexible forms of moving Lagrangian coherent contours; these influence each other and organize the fluid surrounding them.

The algorithmic core of the fluid-filament interaction is discussed.

Aus dem Inhalt

Wirbelfilamente

Vortextubes

Wirbel (Vortex) bezeichnen in der Strömungslehre eine drehende Bewegung von Fluidelementen. Wirbelphänomene finden in deformierbaren Medien statt.

Wirbel können sehr komplex sein und darüber hinaus zusammenhängende Strukturen ausbilden (sie sind kohärent) und pfadabhängige Eigenschaften besitzen (Lagrange). In unserem Zusammenhang interessieren kohärente, spiralige Wirbelformationen.

Die theoretischen Grundlagen der modernen Wirbelphysik reichen zurück in das 18te Jahrhundert, aber als Naturphänomen sind Wirbel schon in der Antike von Interesse. Einer nach Archimedes benannten spiraligen Figur - er beschreibt sie in seiner Abhandlung „Über Spiralen" (225 v. Chr.) - ist das natürliche Phänomen links- und rechtsdrehende Wirbel einbeschrieben (Inhärenz). Bei den Griechen, später bei Leonardo da Vinci, bis zu Leibnitz sind Naturerscheinungen spiraliger Muster Gegenstand experimenteller Untersuchungen und theoretischer Erklärungen. Mit Wirbelphysik begibt man sich von je her in das Spannungsfeld der tradiert herrschenden und der zukünftigen Wissenschaft und Lehrmeinung unabhängig davon, ob das zu untersuchende System in immer kleinere Teile zerlegt wird (Deduktionismus) oder als nichtinertiales Wechselwirkungsge-schehen mit seiner Umgebung beobachtet und beschrieben wird (Holismus). Das ist bis heute so geblieben: der Weg in das Spannungsfeld. Wirbel sind der umstrittene Gegenstand vieler Forschungsbemühungen um Theorien, Modellen und Simulationen moderner numerischer Strömungsmechanik; das Thema öffnet sich eher, als dass es sich schließt.

Leonhard Euler führt um 1755 die Bewegungsgleichung einer reibungslosen inkompressiblen Flüssigkeit ein und begründet damit die Fluiddynamik wie wir sie heute sehen. Euler benennt das fundamentale Konzept des Wirbel-Vektors (vorticity vector), der heutigen Rotation ($\nabla \times$). Joseph-Louis Lagrange erhält mit nur 19 Jahren einen Lehrstuhl für Mathematik an der Königlichen Artillerieschule in Turin und veröffentlicht seine ersten wissenschaftlichen Arbeiten über Differentialgleichungen und Variationsrechnung. 1766 geht Lagrange als Nachfolger von Leonhard Euler als Direktor an die Königlich-Preußische Akademie der Wissenschaften nach Berlin. Auf Lagrange geht die für Strömungsfelder so bedeutsame Potentialtheorie zurück, aus der sich um 1800 die Feldtheorien entwickeln. Zu Beginn des 19ten Jahrhunderts sind die theoretischen Funda-mente einer Wirbeltheorie bereits Stand der Wissenschaft. William Thomson (Lord Kelvin) findet das Zirkulationstheorem und steht in den 50er Jahren des 19ten

Jahrhunderts in Kontakt mit Hermann von Helmholtz in Berlin, der die Stabilität von Wirbeln in Raum und Zeit und in reibungslosen Flüssigkeiten erkennt. Helmholtz's Fundamentalsatz der Kinematik (1858) betrifft die allgemeine Ortsveränderung eines deformierbaren Körpers (hinreichend) kleinen Volumens als Summe einer Translation, einer Rotation je einer Verschiebung/Ver-zerrung nach drei zueinander senkrechten Richtungen.

Der Fundamentalsatz der Kinematik ist unmittelbar auf das Bewegungsgeschehen von Wirbeln anwendbar. Interessanterweise behandelt die unter Helmholtz entstehende Wirbeltheorie (bereits) fadenförmige Strukturen. Die drei Wirbel-sätze wurden von Hermann von Helmholtz um 1859 so formuliert:

Erster Helmholtz'scher Wirbelsatz:
In Abwesenheit von wirbelanfachenden äußeren Kräften bleiben wirbelfreie Strömungsgebiete wirbelfrei.

Zweiter Helmholtz'scher Wirbelsatz:
Fluidelemente, die auf einer Wirbellinie liegen, verbleiben auf dieser Wirbellinie. Wirbellinien sind daher materielle Linien.

Dritter Helmholtz'scher Wirbelsatz:
Die Zirkulation entlang einer Wirbelröhre ist konstant. Eine Wirbellinie kann deshalb im Fluid nicht enden. Wirbellinien sind geschlossen, buchstäblich unendlich oder laufen auf den Rand.

Der erste Wirbelsatz sagt, dass sowohl die Zirkulation längs der Randkurve einer Fläche, die ganz auf dem Mantel einer Wirbelröhre liegt, verschwindet; und er besagt, dass die Zirkulation verschiedener Querschnitte einer Wirbelröhre gleich ist.

Der zweite Wirbelsatz besagt, dass Wirbelröhren zugleich Stromröhren sind, Wirbel an Materie (Fluid) anhaften und drittens, Fluidteilchen, die einmal eine Wirbellinie gebildet haben, dies auch weiterhin tun (Kohärenz). Dieser, als „Kohärenzforderung" gelesene Wirbelsatz, erscheint uns ausgesprochen modern.

Der dritte Wirbelsatz fordert örtliche und zeitliche Konstanz der Zirkulation in einer (und um eine) Wirbelröhre. Experimentell lässt sich zeigen, dass ein materieller Wirbelfaden entlang seiner „Seele" durchaus verschieden große Zirkulation besitzen kann. Ein Wiederspruch?

Vielleicht haben wir Modernen den von Helmholtz nur falsch gelesen. Mit einer konstanten Wirbelstärke ω [T^{-1}] ist die variable Zirkulation Γ [L^{2}T^{-1}] über eine geometrische Beziehung [L^2] gekoppelt.

Interessant bleibt, dass die klassischen Wirbelmodelle Potential- und Festkörper-wirbel, Rankine-Wirbel und Hamel-Oseen'scher-Wirbel erst später formuliert wurden. Diese vier Wirbelmodelle zusammen mit der Helmholtz'schen Wirbel-theorie tradieren die herrschende Lehrmeinung und sollen hier nicht weiter benannt werden, sie sind Stand der Wissenschaft und tragen allgemein zum Verständnis des inneren Milieus von Wirbelfäden bei. Spricht man über Wirbel, ist in den wenigsten Fällen von fadenförmigen Strukturen die Rede, sondern von Irgendetwas, das mehr Horizontales besitzt, als Vertikales. Auf genau diesem hundertjährigen Vermächtnis der vier strömungsmechanischen Wirbelmodelle fußt der rezente Diskurs. Die Helmholtz'schen Sätze über Wirbelfäden sind (eine) Grundlage der Physik der hier behandelten fadenförmigen Lagrange Kohärenten Systeme. An anderer Stelle werden Lagrange Kohärente Wirbelfäden als „Fluids within Fluid-Systemes (FwF)" benannt. Aus dem englischen Sprachgebrauch kann die Versinnbildlichung einer Röhre, „Tube" referiert werden, sowie der recht sympathische Begriff des „Filaments". Unter einem Vortex-Filament ist demnach eine eindimensionale Linie zu verstehen, entlang der sich eine Wirbelbewegung in einer Flüssigkeitsbewegung konzentriert. Wobei der umgebende Raum, also das Feld selbst, frei von Wirbeln ist. In einem (auto-barotropen) reibungsfreien Fluid besteht diese Wirbellinie aus den immer gleichen - ja, denselben - Fluidpartikeln; der Wirbelfaden wird somit zu einem Modell einer Wirbellinie und der Grenzfall eines Wirbelrohres, wenn die Querschnittsfläche (dieser Röhre) auf Null schrumpft. Alle Lagrange Kohärenten Wirbelfilamente sind zusammen-hängende Systeme und sie besitzen eine Pfadabhängigkeit ihrer physikalischen Wechselwirkungseigenschaften: **Vortex-Filamente sind demnach Wirbelfäden im Sinne von Helmholtz's und gleichsam Lagrange Kohärente Strukturen!**

Dies ist in der Tat ein starker Satz. Die Theorie Lagrange Kohärenter Strukturen (Lagrange Coherent Structures, LCS) wurde in den frühen 2000er Jahren am Lefschetz Center for Dynamical Systems der Brown University, später an der ETH Zürich, und dort am Department of Mechanical and Process Engineering, entwickelt. Das Akronym „Lagrange Coherent Structures" stammt von Haller & Yuan (2000). Haller suchte nach einem Ansatz, die abstoßenden und anziehen-den Fluidbewegungen in Scherschichten zu beschreiben (Repelling Systems).

Beschleunigte Scherschichten sind im Labor nur mit speziellen, mehrgebläsigen Windkanälen synthetisierbar. In Zürich wusste man aus der vornehm experimen-tellen Vergangenheit und hatte beobachtet, dass innerhalb fluidischer Regime Systemgrenzen - im Sinne von „Materialoberflächen" - auftauchen, die zusam-menhängende Strukturen von der restlichen Strömung separieren (Kohärenz). Diese extraordinären Systeme entwickeln eine komplexe körper- und richtungs-bezogene Dynamik (Lagrange) innerhalb einer Strömung.

Als man in Zürich in den 2000er Jahren mit der Forschung ansetzte, konnten die Wissenschaftler dort nicht auf tragfähige theoretische Modelle zur quantitativen Beschreibung dieser sonderbaren physikalischen Geschehnisse zurückgreifen. Rasch wurde klar, dass es zukünftig großvolumiger, numerischer Modelle und komplexer Simulationen bedarf, diese seltsamen Systemoberflächen der nun-mehr Lagrange Coherent Structures (LCS) genannten Systeme, in Strömungs-szenarien aus experimentellen und numerischen Daten zu isolieren und sie notfalls mit einer vereinfachenden Herangehensweise beschreibbar zu machen: sie überhaupt zu verstehen! Heute, 20 Jahre später nehmen wir die Forschung des Züricher Department of Mechanical and Process Engineering gerne als eine Grundlage rezenter Phänomenologien- und Theorienbildung.

Hallers Forschung ging damals der Frage nach, ob es gelingen könne, Mischung, Entmischung und Massetransport in und um Lagrange Kohärenter Systeme in komplexen fluidischen Systemen vorherzusagen oder sogar zu beeinflussen. Es wurden im Zuge der Theoriebildung nichtlineare dynamische (System-) Metho-den entwickelt, um komplexe Fragen aus den angewandten Wissenschaften und der Technik zu beantworten, etwa die Analyse von Transportprozessen und die Vorhersagbarkeit von Kohärenz in einem Ozean oder in der Atmosphäre, die Echtzeiterfassung von Luftturbulenzen in der Nähe von Flughäfen, die Theorie und Kontrolle der nichtstationären, aerodynamischen Trennung, die Dynamik von Trägheitsteilchen unter Gedächtniseffekten und die Theorie des dynamischen Übergangszustands bei chemischen Reaktionen. Die Forschung und Theorien-bildung im Zürich der 2010er Jahre bediente also durchaus praxisrelevante Fragen.

Jetzt, in den frühen 20er Jahren stellen sich die Forschungsfragen verändert und neu. So ist es heute beispielsweise relevant zu erfahren, wie Lagrange Kohärente Systeme mit einem weitestgehend unbeteiligtem Fluid interagieren. Gelingt es mit geordneten Strukturen, beispielsweise mittels Wirbelspulen, in einem ruhen-den Fluid einen impulshaltigen Massenstrom zu formieren? Und woher stammt diese strukturelle Ordnung? Gibt es fluidmechanische Grundprinzipien in der Muster- und Gestaltentstehung im Strömungsfeld separierter Fluid-within-Fluid-Strukturen? Warum sollte aus einem unstrukturiertem Anfangszustand so etwas wie „fluidische Ordnung" aus sich selbst heraus entstehen. Und vor Allem: wozu soll das taugen?

Aus dieser Rede wären nun Forschungsfragen extrahierbar. Aber machen wir uns nichts vor: Prinzipien der Muster- und Gestaltentstehung in Strömungsfeldern stehen nicht auf der Liste moderner Forschung. Grundlagenuntersuchungen am Strömungskanal wären möglich, sind aber von geringem akademischen Interesse. Forschung in der Fluidmechanik ist heute Handeln mit Modellen und Simula-tionen. Finite Volumen Verfahren, Computational Fluid Dynamics, CFD und seit ein paar Jahren gitterlose Verfahren. Ich habe in den vergangenen Dekaden erlebt, dass diese Fertig-Programmsysteme seitens der Anwender – und die moderne Fluidmechanik-Forschung ist in erster Linie lediglich Anwender- und hinsichtlich ihrer physikalischen Wechselwirklichkeit wenig oder eben überhaupt nicht hinterfragt werden. Meiner Beobachtung nach geht das so weit, dass die in den Simulationsprogrammen verwendeten physikalischen Modelle die Forschung regelrecht „triggern"! Und nein, Vorgänge der Wirbelmuster- und Wirbel- Strukturentstehung in dynamischen Strömungsfeldern rechnen wir nicht. Da wir sie aber auch nicht messen wollen, bleibt mir an dieser Stelle nur die kleinformatige Forschungsvorbereitung pandorischer Art[1].

Impuls und Formung von Wirbelfäden

Impulse and formation of vortex tubes

Lagrange-Kohärente Wirbelfadensysteme haben in der Strömungsmechanik noch keine allgemeingültige Definition. Das Wirbelfilament wird in unserem Zusam-menhang (und in der Strömungsdynamik insgesamt) als eine zusammenhängend fluidische Struktur beschrieben. Ein Wirbelfilament soll folgende dynamische Eigenschaft besitzen:

Wirbelfäden in einem Feld, organisieren dieses Feld durch Impuls-Induktion.

Diese Behauptung rührt aus einem Ansatz her, der fluidmechanische Wirbelfäden aus der Feldtheorie erklärt. Diese ist ja universell und darf angewandt werden sowohl auf elektrodynamische Phänomene als auch auf Fragestellungen aus der theoretischen Strömungsmechanik. Entsprechend einem stromdurchflossenen elektrischen Leiter, der in seiner Umgebung ein magnetisches Feld organisiert, besitzt ein pfadabhängiges zirkulationsbehaftetes, Lagrange Kohärentes Wirbel-fadensystem die nunmehr fluidmechanisch- physikalische Wechselwirkungs-Eigenschaft partielle Geschwindigkeiten im Raum zu induzieren. Die induzierte Geschwindigkeit ist ein Maß für den lokalen induzierten Impuls[2].

Eine Theorie der Geschwindigkeitsinduktion gibt es in der Strömungsmechanik bislang so wenig wie eine allgemeine Klärung Lagrange-Kohärenter Wirbelfaden-systeme; aber vielleicht eine tragfähige Phänomenologie: Ein Blick zurück auf die hamilton'sche Mechanik (1834) legt Ende der 2010er Jahre die Einbindung einer „Lagrange Implicite Vorticity Theorie, (LIV)" in die Konzepte der zu dieser Zeit gerade heranwachsenden gitterfreier Berechnungsverfahren, nahe. Danach bestimmen die hamilton'schen Bewegungsgleichungen, wie sich die Orte und Impulse der Teilchen mit der Zeit ändern. Bei Vernachlässigung von Reibung. Erste Überlegungen zu einem Ansatz für fluidische Objekte mit implizit pfadabhängiger Zirkulation unter LIV, erarbeiteten Cassey und Naghdi bereits 1991. Die Modellierung und Implementation Lagrange Kohärenter Wirbelfadensysteme in Partikel basierten Berechnungsverfahren (Smoothed-Particle Hydrodynamics, SPH[12,13]) erfolgte bedauerlicher Weise und aus unterschiedlichen Gründen, bislang nicht. Ich werde an anderer Stelle darauf eingehen.

Meine eigenen Erfahrungen mit und um fluidmechanischen Wirbelspulen stam-men aus Untersuchungen an den Windkanälen des Fachgebiets Bionik und Evolutionstechnik der Technischen Universität Berlin in den 80er und 90er Jahren. Die experimentelle Praxis legte die Vermutung nahe: die hier beobachteten Wirbelspulenphänomene sind womöglich „selbstreferentiell": Teil-Systeme innerhalb eines Systems aus Teilsystemen bilden offensichtlich zusammen-hängende Strukturen. Wie aber lässt sich dieses Beobachtungsphänomen theoretisch erklären?

Das Induktionsmodell nach der Feldtheorie besagt, dass jeder finite Abschnitt in einem fadenförmigen Wirbelfilament Quelle einer Impulsinduktion an jedem Ort im Feld ist. Für die analytische Untersuchung des Induktionsgeschehens ist dabei von Bedeutung, welchen Beitrag (irgendein) Quellsystem auf jene Strömung ausübt, die sich im Innern der Wirbelspule aufbaut. Entscheidend für die Selbstorganisation der Wirbelstruktur ist das Induktionsgeschehen an Punkten im Feld, die selbst Elemente einer Formation aus Quellen sind. An diesen Orten wird quasi „abgelesen, wie das System selbstreferentiell" auf seine Form und auf seine Verformung wirkt und wie das Wirbelfadensystem das Feld „organisiert"! Das physikalische Wechselwirkungsmodell basiert auf einem reibungsfreien Ansatz. In der tradierten Feldtheorie eine übliche Herangehensweise, aber: sehr wahr-scheinlich wird die Induktionswirksamkeit eines Wirbelfaden-Systems irgend-wann aufgezehrt. Die rezenten, hier angeführten Simulationsmodelle kennen den (Wirkungs-) Tod eines Wirbelfadenelements (leider noch) nicht. Das sollte sich ändern. Ein Blick auf den zweiten Hauptsatz der Thermodynamik zeigt, dass die Entropie einem Feld mit der Zeit zunimmt. Reale Wirbelsysteme sind nichtisen-trop[3]. Von Lagrange Kohärenten Wirbelfadenstrukturen kennt man inzwischen Wechselwirkungs-Szenarien, bei denen die Gestalt (homotoper) Lagrange Kohärenter Wirbelfadensysteme Einfluss nimmt auf die (Erzeugung von) Entropie im Feld[4, 5].

Quantitätskriterien. Im Zentrum einer fluidmechanischen Wirbelspule konzen-trieren sich die Strömungslinien. Dies wird im Allgemeinen als ein Anstieg der herrschenden Impulsmächtigkeit dort verzeichnet. Der spezifische Impuls ist eine sinnfällige physikalische Größe, denn der spezifische Impuls[6] ist der Impuls im Feld pro Massenteilchen ebendort $I_s = i/\rho V$. Somit erhalten wir eine Aussage über die in eine Strömung induzierte physikalische Wirkung. Das numerische Simulations-programm berechnet die in das Feld induzierten und kumulativen, extensiven induzierten Geschwindigkeiten v_i [LT^{-1}] an jedem Ort im Feld. Das ist einerseits sehr komfortabel, denn die spezifische Impulswirksamkeit stimmt mit der induzierten Geschwindigkeit an jeder Stelle im Feld überein. Andererseits fordern (wir) Ingenieure bei der Betrachtung von Vorgängen der Impulsübertragung immer einen praktischen Affekt des ansonsten zu theoretischen Szenario, kurz: die Schubkraft. Die Schubkraft ist eine reaktive Kraft und entsteht immer dort, wo z.B. ein Propeller oder ein Paddel ein Fahrsystem antreibt. Bei einem Motorboot registriert man beispielsweise die so genannte Pfahlkraft, die leicht zu messen ist immer dann, wenn ein Motorboot mit seinem Motor unter Vollgas versucht von einem Steg loszukommen. Diese Kraft messen Ingenieure mit einer Federwaage. Zwischen Boot und dem Pfahl. Und wir lieben es. Weil es so anschaulich ist: ein guter Motor schneidet meist besser ab, als ein schlechter Motor. So schön ist Technik.

Anders die immer etwas übellaunige naturwissenschaftlich-physikalische Sicht. Die Schubkraft ist dort ein durchaus diffiziler Parameter. Schubkraft ist aus physikalischer wie aus ingenieurwissenschaftlicher Sicht eine Reaktionskraft. Sie herrscht immer dort, wo eine Masse aus einer (relativen) Ruhelage heraus beschleunigt wird. Quantitative Kriterien sind also der

Impuls im Feld und die (Schub-) Kraft ebendort. In der klassischen Mechanik sind Formulierungen und Modelle beliebt, bei denen sich Kräfte (Auftriebskräfte, Widerstandskräfte, Reibungskräfte und eben auch Reaktionskräfte) entlang ihrer Wirklinie beliebig verschieben lassen, was nicht nur die Anschauung verbessert, sondern auch Berechenbarkeit garantiert.

Aber Wirklichkeit ist nicht Realität. Ingenieure und Designerinnen arbeiten bevorzugt mit physikalisch begründeten Modellen von (Wechsel-) Wirklichkeiten, während Naturwissenschaftlerinnen in ihren Computermodellen danach streben, die existierende physikalische Realität möglichst genau anzunähern. Der ewige, wenn auch produktive Streit. Aber es gelingt (mir) nicht immer, diese unterschied-lichen Herangehensweisen gegen- und miteinander auszubalancieren. In der realen Welt sind es deshalb eher Materiewolken, auf welche eine Schar von Kräften wirkt.

In den wissenschaftlichen Medien etabliert sich gerade der Begriff des so genannten „Wash"! Da gibt es den DownWash[7], der die Störstruktur, hier den fluidmechanisch wirksamen Tragflügel überhaupt erst fliegen lässt und es gibt den SideWash, der mit der induzierten Widerstandskraft einjeder Auftrieb erzeugenden Tragfläche korreliert. Der Begriff DownWash, stammt aus der Zeit, als man begann, das Strömungsfeld um Helikopterpropeller zu untersuchen. Wie die Phrase Wash bereits suggeriert, fügt auch hier eine bewegte Störkontur (Propeller) dem Kontinuum Deformationen zu. Deformationen, beschrieben als Verschiebungen und Verzerrungen (Spannungstensor) des Kontinuums, die dazu führen, dass dem Impulstransfer im Feld eine massive Umverteilung von Materie folgt. Führt man die Argumentation* in dieser Weise fort, dann koppelt eine bewegte Störkontur in einem unbewegten Fluid sowohl beim DownWash als auch mittels Randwirbeln bei der Umströmung an der endlichen Kontur, kinetische Energie in das Feld ein. Die Energie in diesem Transfer stammt aus der Bewe-gungsursache (der Störkontur) und geht dem Bewegungssystem verloren. Für den Energieverlust in den Randwirbeln hat sich schon zu Prandtls Zeit der Begriff des „induzierten Widerstands" etabliert, in Abgrenzung zu Reibungs- und Formwider-standskräften an einer bewegten Störkontur. Doch wir folgen der Argumentation nicht, sondern betrachten das Geschehen auf der abstrakten Ebene des Impuls-austauschs. Um hier die Berechnungsergebnisse aus dem Simulationsmodell interpretieren zu können, referiere ich die tradierten Beurteilungsgrößen Impuls, Kraft und ihre Verschiebungsregime.

Impuls: $\underline{i} = m \cdot \underline{v}$;   spezifischer Impuls: $I_S = \underline{i}/m$; wir sehen: $\underline{I_S} = v_i$ [LT^{-1}]

Kraft: $F = m \cdot \underline{a}$;   spezifische Kraft $\underline{f} = \underline{F}/m = \underline{a}$ wir sehen: $\underline{f} = \underline{a}$ [LT^{-2}]

außerdem:

Kraft: $F = m \cdot \underline{a} = d\underline{i}/dt$ [M L T^{-2}]   Kraft (N), die lokale Änderung des Impulses.

Energie $W = ½ \, m \, \underline{v}^2$ [L^2 M T^{-2}]   (wg.: J = W·s = N·m = kg m^2 s^{-2})

Impuls und Translation und Rotation. Ein fluidisches Bewegungs-Regime (in Abgrenzung zu einem opaken Körper) hat in der klassischen Mechanik einen Impuls $\underline{i} = m \cdot \underline{v}$; und eine Translationsbewegungsenergie: $E_{TRANS} = ½ \, m \, \underline{v}^2$. Ein freier Körper besitzt im Raum drei Freiheitsgrade der Translation und drei Freiheits-grade der Rotation. Ein Wirbelfilament ist (in diesem Sinne wahrscheinlich) kein freier Körper im Raum; zumindest ist das Wirbelfilament nicht finit. Sehr wohl aber kann dasjenige Element am Ende einer Verkettung von Filamenten und quasi bei seiner Entstehung eine Verschiebung, und/oder Verzerrung im Raum er-fahren, falls ein vektorieller Impuls herrscht, an diesem Ort. Weil diese Frage numerisch beantwortet werden muss, wird für ein generalisiertes, vektorielles Impuls-Funktional eine Verschiebungsrelation g(I$_S$) entworfen, die eine vektorielle physikalische Größe mit der Einheit einer Frequenz [T^{-1}] enthält. Dann und nur dann soll der spezifische Impuls eine Verschiebungsoperation erwirken.

Generalisiertes, vektorielles Impuls-Funktional: $I_S = f(v_i)$ mit v (U,V,W) [LT^{-1}];

An einem Ort im Feld: Verschiebungs-Beziehung: $\underline{\Delta s} = g(I_s)$ [L]

Verschiebungsregime in Feld: $\Delta s_U = g(I_{s,U}) = \kappa_U \cdot U$ [L]   (1)

$\Delta s_V = g(I_{s,V}) = \kappa_V \cdot V$ [L]

$\Delta s_W = g(I_{s,W}) = \kappa_W \cdot W$ [L]

In der Verschiebungsrelation g(I$_S$) muss ein vektorielles $\underline{\kappa}$ die physikalische Größe [T^{-1}] besitzen. Zu rechtfertigen ist diese (Gestalt- Entstehungs-) Frequenz mit einen Seitenblick auf das iterative, zeitdiskretisierte Geschehen während der Modelllaufzeit der Simulation (simulation runtime).

Und am Ende numerischer fluidmechanischer Simulationen werden wir also gewahr, dass man mit einer synthetischen (Ersatz-) Frequenz numerisch leben muss und dass absolute, quantitative Erkenntnisse nur ein Bruchteil dessen Wert sind, was wir während der

Programmentwicklung und im Vorfeld der Unter-suchungen vielleicht erhofft haben[8]. Viel wichtiger wird (am Ende der Rede) sein, welches Wohl und Weh dem physikalische Wechselwirken von unterschiedlichen geometrischen Konstellationen impulswirksamer Strukturen abhängen kann. Und wieder das alte Lied: Fragen Naturwissenschaftler nach der physikalischen **Realität,** so antworten Ingenieure mit Modellen der physikalischen **Wirklichkeit.** Der ewige Konflikt zwischen den Gestaltern von Technik und den Beobachtern von Natur. Insofern ist (aus ingenieurwissenschaftlicher Sicht) die Betrachtung der induzierten Geschwindigkeit im Feld eine durchaus vernünftige Herangehens-weise. Ingenieure verstehen vielleicht die Natur nicht. Aber sie ahmen ihre physikalischen (Wechselwirkungs-) Prinzipien nach. So gut es geht. Das möchte an dieser Stelle nicht weiter vertieft werden.

Fluid-Filament-Wechselwirkung

Fluid Vortex Tubes Interaction

Impulsaustausch und Regime der Wechselwirkung im Feld. Fluidische Wirbel-filamente sind zusammenhängende Systeme (Kohärenz) und sie besitzen Pfad-abhängigkeit hinsichtlich ihrer physikalischen Wechselwirkungs-Eigenschaften (Lagrange); sie sind Wirbelfäden im Sinne Helmholtz und gleichsam Lagrange Kohärente Strukturen, wie sie Haller beschreibt! Was aber bedeutet dies für den fluidischen Raum, der Strukturen aus Wirbelfilamenten enthält?

Die Systeme Ω_i^s und Ω^{3Df}. Eine erste formale Beschreibung des Strömungsraumes führt auf aneinandergrenzende Gebiete einer oder mehrerer i als weich- elastisch und flexibel angesehenen Störstrukturen Ω_i^s in einem räumlichen Fluid Ω^{3Df}. Auf der numerischen Seite der Simulation von Impulsaustausch und Bewegungs-Wechselwirkung stellen die synthetischen Modelle immer ein mehr oder weniger gewagtes Zugeständnis dar, solange die „Nichtgleichzeitigkeit des Geschehens" soft- und hardwarebedingt hingenommen werden soll. Dies ist bei tradierten nicht parallelen Architekturen der Fall. Ersatzweise wird sodann mit geschickt verschachtelten Iterationen gearbeitet. Betrachten wir also Raum Ω^{3Df} und Störkonturen Ω_i^s und sprechen über nicht parallele Simulationsmodelle und deren eigentümliches Wechselwirkungsgebaren.

EIN-Wege-Wechselwirkung. In einem einfachen Fall mag eine bewegte (Stör-) Kontur Ω_i^s in einem anfangs ruhenden Fluid Ω^{3Df} eine evaluierbare, also numerisch ermittelbare Strömung erzeugen. Das fluidmechanische Narrativ dieser nume-rischen Model vorstellung ist die 1-Wege- Fluid-Struktur Interaktion ($_1$FSI). Umgekehrt kann ein bewegtes Fluid Ω^{3Df} auf eine (anfangs) ruhende, aber definiert weich-flexible Struktur Ω_i^s eine Bewegung, eine Verschiebung und/oder eine Deformation ausüben. Bei einer 1-Wege-FSI wird mindestens ein dominantes System untersucht, welches unabhängig von den anderen beteiligten Systemen betrachtet werden kann[9].

ZWEI-Wege-Wechselwirkung. Trifft eine bewegtes Fluid Ω^{3Df} auf eine flexible Form Ω^s, so beeinflussen sich die beiden Systeme gegenseitig immer dann, wenn der Verschiebung und der Verformung ein verändertes Strömungsgebiet folgt. Bei einer 2-Wege-Fluid-Struktur-Interaktion ($_2$FSI) gibt es zwei dominante Systeme, die sich gegenseitig beeinflussen und deren jeweilige Bewegungsgebaren voneinander abhängen. Die 2-Wege-Fluid-Struktur Interaktion ist in rezenten CFD-Anwendungen der bevorzugte Lösungsansatz.

pN-Wege-Wechselwirkung. Trifft ein bewegtes oder ruhendes Fluid Ω^{3Df} auf i flexible Formen bewegter (Stör-) Konturen Ω_i^s, so beeinflussen sich die i Systeme gegenseitig und darüber hinaus das sie umgebende Fluid immer dann, wenn die Störkonturen (strömungs-) induktiv agil! sind. Verschiebungen und Verformun-gen der i Wechselwirkungspartner legen temporär eine dreidimensionale Form bewegter Störkonturen Ω_i^s fest, der mittelbar eine Schar lokal-veränderter Strömungsgebiete – mithin das gesamte Feld! - folgt. Bei einer N-Wege-Fluid-Struktur-Interaktion ($_N$FSI) gibt es mehrere (N) aber vom Prinzip her beliebig viele dominante Systeme, die sich gegenseitig beeinflussen und deren jeweilges Beaufschlagungs-Bewegungsgebaren global und permutativ voneinander abhän-gen. Die „permutative pN-Wege-Fluid-Struktur-Interaktion" ist der in diesem Aufsatz dargelegte Lösungsansatz. Wir werden sehen, dass die permutative pN-Wege-Fluid-Struktur-Interaktion die Aufgabe der selbstreferentiellen Impuls-Induktion in einem Strömungsfeld löst.

FSI-Phänomene bei denen bewegtes Fluid Ω^{3Df} auf flexible Form Ω^s trifft (in der realen Welt das Standard-Szenario), tauchen in der numerischen Fluidmechanik (Computational Fluid Dynamic, CFD) als Lösungsansatz erst in jüngerer Vergan-genheit auf. Bilaterale Kopplung zwischen den Simulationsmethoden für die Strömung CFD und der Simulation der Strukturverformung mit der Finite Ele-mente Methode (FEM), ermöglichen in einem gemeinsamen Modell (FSI) ein

Belastungs-Verformungs-Gleichgewicht in der Strömung und um eine Kontur zu simulieren. Die rezenten FSI-Simulationsmodelle sind sehr komplex und der numerische (Deklarations- und Berechnungs-) Aufwand ist hoch. Die numerische Fluid-Struktur-Interaction ist Stand der Technik und der Wissenschaft.

Die Idee der 2-Wege-Fluid-Struktur-Kopplung ist grundsätzlich anwendbar auf beliebiges Fluid und auf freie Strukturen. Also modellansatzweise auch auf hochflexible Gebilde, die vielleicht sehr weich sind, flexibel und deformierbar. Dass diese elastischen Strukturen selbst ein Fluid sind, oder es sein könnten, ein Fluid in einem Fluid quasi (Fluid within Fluid, FwF), ist ein Gedankenmodell, das weit über die Simulations- und Deklarationsansätze der klassischen FSI der 00er und 10er Jahre hinaus geht[10]. Die 2-Wege-Fluid-Struktur-Kopplung, angewandt auf Fluid within Fluid-Strukturen ist nicht Stand der Technik und der Wissenschaft.

Die Vorstellung über die pN-Wege-Wechselwirkung geht weiter davon aus, dass die (Wirbel-) Struktur passiv sei! Passiv, elastisch und konservativ. Das ist nun genau das Belastungs-Bewegungs-Verhalten, das der klassischen Newton'schen Mechanik zu Grunde liegt. Und zu recht. Das beste Lehrstück in dieser Sache ist der Satz von Castigliano, der jedem mechanischen Eintrag in das elastische System eine Bewegungsreaktion mit der vierten Ableitung dieser, zuweist: die Verformung folgt der Belastung, eine sinnfällig geordnete Welt!

Die Induktionswirkungen von Wirbelstrukturen (bewegtes Fluid Ω_i^s) auf Wirbelstrukturen (eben-falls bewegtes Fluid Ω_{i+1}^s) und auf das Fluid (bewegtes Fluid Ω^{3Df}) sind bislang ein schlecht untersuchtes Phänomen.

In einem Impuls fordernden Feld Ω^{3Df} ist jeder Quellpunkt Q einer oder mehrerer i diskreter Strukturen Ω_i^s im dreidimensionalen Raum Ω^{3Df} impulswirksam auf jeden Aufpunkt A einer oder mehrerer Strukturen Ω_i^s ebendort. Dies führt auf eine komplizierte algorithmische Aufgabe für das numerische Simulationsmodell: eine kombinatorische Iteration.

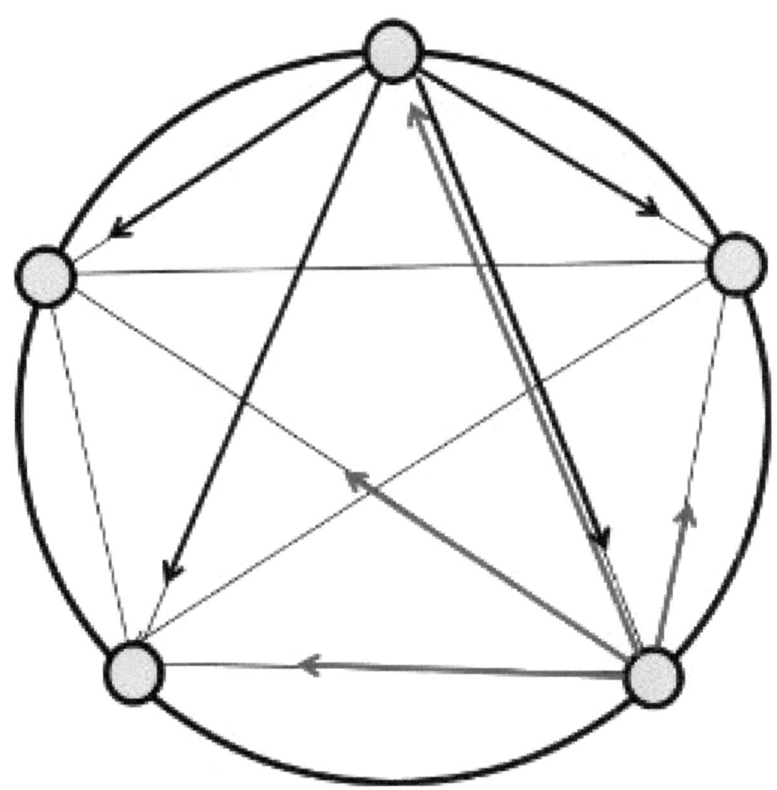

Abb.1: Ramseybeziehung von Wirkungsgraphen.

(eigene Darstellung, Michel Felgenhauer 2022)

Betrachten wir hierzu die 5-zählige topologische Beziehung, deren „Widerbezüglichkeit" in der Kombinatorik untersucht wird. Wir sehen, dass die dargestellte, ebene pentagonale Lösung unsere kombinatorische Aufgabe zunächst nicht fittet; aber ganz gut illustriert.

Warum greift diese Lösung zu kurz? Für funktional verknüpfte, vielleicht sogar voneinander abhängige Wirbelstrukturen Ω_i^s ergäbe sich in einer beliebigen Ebene im Raum Ω^{3Df} eine so genannte Ramsey-beziehung (nach Frank Plumpton Ramsey)[11] von Wirkungsgraphen; eine Wirbelstruktur die kompliziert ist, aber beschreibbar. In einer Ebene, wohlgemerkt

Die obenstehende Grafik (Abb.1) zeigt schematisch die Wechselwirkungskarte in dieser (einen) Ebene des Strömungsraumes Ω^{3Df} und der 5-zähligen Wirbelspule $\Omega_5{}^s$ im Schnitt, ebendort. Der Berechnungsansatz des numerischen Modells bezieht aber die vollständige induktionswirksame Vergangenheit des Wirbel-faden-Kollektivs mit ein. In einem verallgemeinerten Wechselwirkungsmodell erfolgen die Impulsinduktionen (leider) nicht alleine in den idealisierten Wir-kungsebenen. Vielmehr findet das Schema der Ramsey-Graphen einen drei-dimensional ausgedehnten (Impuls-) Wirkungsraum vor. Die Impulsforderung des Feldes richtet sich nunmehr an 5 Lagrange kohärente Wirbelfäden in diesem Raum. Für das Feld gilt: Jeder Quellpunkt Q auf einem Wirbelobjekt induziert einen Impuls in jedem Aufpunkt A des Feldes. Und jeder Punkt im Feld ist ein Aufpunkt. Und jeder Punkt im Feld Ω^{3Df} kann Element eines Wirbelfilamentes $\Omega_i{}^s$ sein.

Die numerische Aufgabe und damit das algorithmische Problem der Fluid-Filament-Wechselwirkung wird nun für ein Szenario mit fünf kommunizierenden Wirbelfäden gelöst (Abb.2). Mit dem numerischen Modell kann gezeigt werden, dass impulswirksame Wirbelfäden nach der Wirbeltheorie Helmholtz und der Theorie Lagrange Kohärenter Strukturen Hallers, wenigstens theoretisch in der Lage sind, ein Feld vollständig zu organisieren und die in diesem Feld existieren-den Objekte zu formieren. Das Wechselwirkungsgeschehen im Sinne einer räumlichen Ramsey-Prozedur, findet also nicht alleine zum Zeitpunkt der Ent-stehung der Wirbelstrukturen statt, sondern wirkt fort, solange es (das Wechsel-wirkungsgeschehen) betrachtet wird. Dass diese impulswirkmächtigen Objekte selbst induktionswirksame Systeme darstellen, führt auf eine Fluid- Filament- Wechselwirkung, die in ihren topologischen Gestaltungs-Paradigmen selbstrefe-rentiell ist (pN-Wege-Wechselwirkung).

Zu Beginn einer Entwicklung physikalischer Modelle, einer numerischen Struktur und dem Design der erforderlichen Algorithmen zur Simulation einer realen Strömungswelt, stellt sich immer die Frage, welche (Entwicklungs-) Tiefe mit dem Simulationsmodell überhaupt angestrebt werden will. Im Fall der Fluid-Filament-Wechselwirkung waren die oberen Grenzen noch vor der ersten Programmzeile klar aufgestellt, durch das bevorzugte Berechnungsverfahren: die reibungsfreie und idealisierte aber dreidimensional ausgeführte Potentialtheorie.

Wie ich oben andeute, führt die Wahl der aus der allgemeinen Feldtheorie stammenden potentialtheoretischen Beschreibung fluidmechanischer Zusam-menhänge immer (immer und bestenfalls) zu einer kontroversen Diskussion in den eigenen Reihen (Des gnerinnen, Techniker, Ingenieure) und zu einer schlich-ten Absage der meisten Anderen (den Naturwissenschaftlerinnen). So erntet das Ansinnen, außerhalb der verfügba-en und etablierten Simulationsmethoden für Strukturen FEM (Finite Element Methode) und der CFD (Computational Fluid Dynamik) für fluidische Räume, sowie ohne das diese Methoden in einem gemeinsamen Lösungsansatz verknüpfende Verfahren der Fluid-Struktu-Inter-action (FSI) eine Beschreibung für Wirbelsimulationen zu suchen, in den besten Fällen Heiterkeit. Für Sympathien aus der hoffnungsvollen SPH-Szene[12,13] (Smoothed-Particle Hydrodynamics) ist dieses gitterfreie Verfahren einfach noch zu jung. Und für erweiternde feldtheoretische Überlegungen, - „all filaments are particles" − ist es wohl zu früh oder einfach nur die falsche Zeit.

Synthese und Wechselwirkungsmodell
Synthesis and interaction model

Implementation der pN-Wege-Wechselwirkung. Wirbelstrukturen die andere Wirbelstrukturen manipulieren, welche wiederum auf erstere zurückwirken, stel-len ein selbstreferentielles, autopoietisches Kompositionsphänomen[14] dar; dies wurde oben bereits erwähnt. Wie aber kann ein synchrones paralleles Wirkungs-geschehen durch ein asynchrones, sukzessives, numerisches Modell simuliert werden?

Jeder Punkt im Feld kann Element eines Wirbelfilamentes sein. In der nume-rischen Praxis bedeutet (algorithmische) Komposition[15], die Hintereinanderschal-tung von lokalen partiellen Algorithmen, die physikalische Funktionen realisieren. Im Falle der Wechselwirkung zweier oder i kommunizierender Wirbelfäden (Ω_i^s, global mode **i**) ist der fluidmechanische Impulsaustausch im Feld (Ω^{3Df})[16] die physikalische Funktionen. Ir Abb.2 finden wir den fluidischen Raum vor als den Korridor, durch den sich ein Wirbelquellen generierendes Aggregat bewegt. Bei der Modellierung einer Fluid-Filament-Wechselwirkung (FFWW) und der Berech-nung der Induktionswirkungen in einem Strömungsfeld stehen prinzipiell zwei miteinander konkurrierende Simulationsmethoden zur Auswahl.

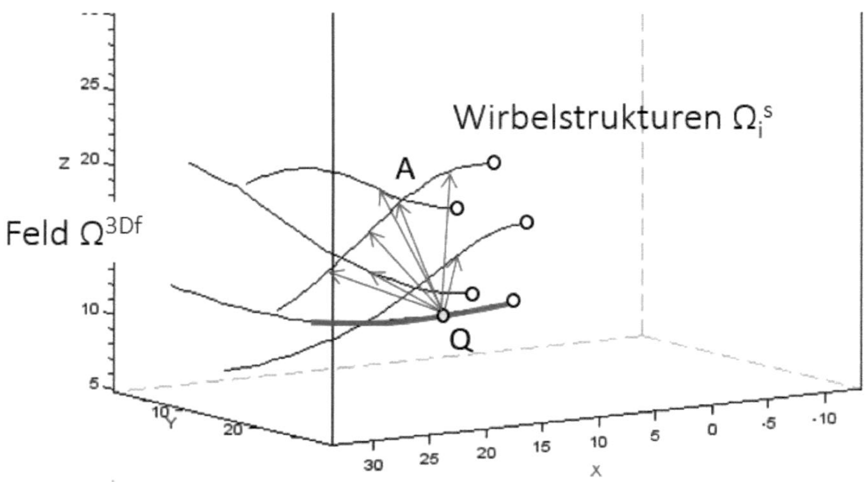

Abb.2: Räumliche Induktions-Wechselwirkung eines Kollektivs aus fünf Wirbelfäden. Die Modellierung führt in ihrem numerischen Kern auf eine räumliche Ramsey-Prozedur, der Simulation einer **pN-Wege-Wechselwirkung.**

Die implizite Fluid-Filament-Wechselwirkung (iFFWW) integriert das Erzeugen-densystem bestehend aus einer oder mehreren Filament-Wirbelquellen in einen bestehenden Strömungsraum. Formal gesehen, kann das vorhandene Wechsel-wirkungsfeld beliebig groß sein. Das (Wechselwirkungs-) Szenario besitzt in seinem algorithmischen Kern drei miteinander verschränkte Iterations-Proze-duren, die das Induktions- und Bewegungsgebaren an jeder Stelle jedes Wirbel-filaments im fluidischen Raum simuliert. Natürlich hat jede Veränderung jeglicher Induktionsquellen im Strömungsfeld einen ordnenden Einfluss auf diesen Raum. In einem impliziten Wechselwirkungs-Szenario (iFFWW) werden also zu jedem Zeitpunkt innerhalb der Wechselwirkungsermittlung einer Induktions-Simulation sukzessive alle! partiellen Impulsbeiträge in allen (Auf-) Punkten im Strömungs-feld ermittelt. Der algorithmische Kern beschreibt demnach eine (mathema-tische) Permutation[17] aller Quellpunkte mit allen Aufpunkten im Feld. Die Berech-nungszeit wächst exponentiell mit der Anzahl der Stützstellen[18]. Die oben angeführte räumliche Ramsey-Prozedur zur Realisierung einer pN-Wege-Wechselwirkung, führt auf zeitintensive Berechnungen immer dann, wenn zu jedem Iterationsschritt die rechnerische Ermittlung des gesamten fluidischen Feldes erforderlich ist. Der numerische Aufwand ist (vielleicht nur dann) zu rechtfertigen, wenn sich außer den m interagierenden Wirbelfilamenten (des m-gradigen) Erzeugendensystems weitere Wechselwirkungspartner im fluidischen Raum aufhalten, Wechselwirkungspartner, die zu einer impliziten Impulsforde-rung des Feldes führen.

Die explizite Fluid-Filament-Wechselwirkung (eFFWW) entkoppelt die Berech-nungs- und von den Simulationsvorgängen bei der synchronen Entstehung von Wirbelfilamenten von den Prozessen (der Simulation) der lokalen, kumulativen Impulswirkung auf das (restliche) fluidische Feld. Und führt die Prozesse dann nacheinander (explizit und asynchron) aus. Das Iterationsschema im algorith-mischen Kern der Berechnung der Fluid-Filament-Wechselwirkung behandelt die Entstehungsorte dieser Wechselwirkung also „unabhängig von der fluidischen Nachbarschaft der Wirbelfilamente". Ich halte das Verfahren für zulässig, weil (1) außer allen Quellen, die aus der Beschreibung der (anderen) Wirbelf lamente stammen, das Feld nicht! auf weich- elastische Wirbelfilamente wirken sollen und (2) von einem ruhenden Fluid im Feld ausgegangen wird (oben wird das ruhende Feld als „Korridor-Modell" bezeichnet). Das Korridor-Modell ist geeignet, Wechselwirkungs-Szenarien zu simulieren, bei denen bewegte Erzeugenden-systeme – beispielsweise Tragflächen von Flugzeugen, oder die Schwingen biolo-gischer Flieger - durch einen idealisierten ruhenden Strömungsraum „segeln" mögen! Hier existieren keine weiteren Wechselwirkungspartner, die zu einer impliziten Impulsforderung des Feldes führen. Sofern der Korridor weder Wand noch Boden enthält. Die Argumentation mag „klinisch" anmuten, aber am Ende des Tages und am Ziel der Untersuchungen ging und geht es um ein prinzipielles Verständnis der Wechselwirklichkeit von fluidmechanischen Wirbelfäden, die sich zu spiraligen Formationen organisieren[19]. Simuliert in einem Szenarium mit ruhendem Fluid: hier soll die autopoietische, selbstreferentielle Organisation fluidischer Lagrange Kohärenter Wirbelfilamente als fluidmechanisches Phäno-men beobachtbar werden.

Nach der explizierten (eFFWW)-Methode arbeitet das in diesem Aufsatz angeführte Simulationsmodell. Bei aller Anschaulichkeit bleiben die Vorgänge in der numerischen Praxis dennoch reichlich kompliziert. Am Ende wartet ein buntes Strömungsbild und ein hübsches Blockdiagramm über das zu Grunde gelegte Simulationsprogramm auf den geneigten Leser, die geneigte Leserin. Und im Bibliographie meiner Ausführungen finden Interessierte den Quellcode des in der Sprache SCILAB implementierten Algorithmus. Aus meinem

Argumentationsalltag weiß ich um die Wirksamkeit vereinfachender narrativer Plakationen und Bilder komplizierter physikalischer Zusammenhänge und frage zusammenfassend:

Is it a kind of Superformance?

Das autopoietisch, selbstreferentielle Wechselwirken fluidischer Wirbelfäden in einem fluidischen Feld ist nicht weniger als die „wirkliche" lokale Existenz und temporale Gleichzeitigkeit fluidischer Wechselwirkungs-Partner, die nicht einfach nur im Feld impulswirksam sind gegenüber benachbarten Strukturen, sondern diese Strukturen sich gegenseitig zu formen in der Lage sind. Die Gestalt des Einen ist von der Gestalt des Anderen beeinflusst. Und sogar abhängig. Die Form des Einen hängt definitiv von der Form und Gestalt des Anderen ab. Es ist so einfach und doch so widersprüchlich. Wo in der realen Welt finden wir dieserart physi-kalische (Wechselwirkungs-) Symbiosen vor? Na, ja, überall; es ist der Regelfall! Aber wir nehmen ihn nicht explizit wahr.

In der synthetischen, numerischen – ja vielleicht theoretischen - Fluidmechanik werden dieserart explizit- physikalischen Symbiosen nur dann registriert, wenn sie auch Eingang finden in die vorherrschenden fluidmechanischen Modelle. Mehr noch: sind die explizit-physikalischen Symbiosen nicht Gegenstand der Aufgabenstellung einer numerischen Modell- und Verfahrensentwicklung, finden sie in der (numerischen) Praxis auch einfach nicht statt! Wir sprechen über FEM (Finite Element Methode) und CFD (Computational Fluid Dynamik) und Fluid-Structure- Interaction (FSI). Genau hier entsteht der Spalt in der Verkettung physikalischer Wechselwirkungen und deren Modellierung und Simulation in numerischen Modellen. Nur weil wir das Interaktionsgeschehen, hier das Induktionsgebaren und das autopoietisch selbstreferentielle Wechselwirken fluidischer Wirbelfäden in unseren (vermeintlich realen CFD-) Modellen und der rezenten etablierten „scheinbaren realen Welt" nicht berücksichtigen (wollen), gehen wir davon aus, dass sie auch nicht existieren!

Der algorithmische Kern der numerischen Simulation.

The algorithmic core.

Die implizite Fluid-Filament-Wechselwirkung (iFFWW) ist die algorithmische Realisierung einer pN-Wege-Wechselwirkung von N fluidischen Wirbelfilamen-ten untereinander und einem Strömungsfeld. Betrachten wir den prinzipiellen iterativen Aufbau der Programmsystems:

<u>Geometrische und dynamische Anfangsrandbedingungen</u>

n Anfangsquellpunkte für das StartPolygon: P_1, P_2, .. P_n;   *mit P(x,y,z) [L]*

| *Wirbelquellen Qualität* | *Vortizität* | $\omega\ [T^{-1}]$ |
| | *und Zirkulation* | $\Gamma\ [L^2 T^{-1}]$ |

Induktions-Wirksamkeit (Verschiebung) $\quad \kappa_U,\ \kappa_V,\ \kappa_W$

m Start-Polygone: $\quad Poly_1,\ Poly_2,\ ..\ Poly_m;\quad mit\ Poly(Px_n, Py_n, Pz_n)\ [L]$

Iteration (Zeit t):

(t1.1.1) Neues Polygon-Element für $Poly_1$ $\qquad Poly_1(Px_{n+1}, Py_{n+1}, Pz_{n+1})\ [L]$

(t1.1.2) Iteration Induktion

$\qquad$ Induzierte Geschwindigkeit $\quad [U,V,W]_{n+1} = F\ (Poly_1, Poly_2, ..\ Poly_m)$

(t1.1.3) $\qquad$ Verschiebung:
$$\Delta s_U = g(l_{s,U}) = \kappa_U \cdot U \quad [L]$$
$$\Delta s_V = g(l_{s,V}) = \kappa_V \cdot V \quad [L]$$
$$\Delta s_W = g(l_{s,W}) = \kappa_W \cdot W \quad [L]$$

(t1.1.4) $\qquad$ Koordinaten
$$Px_{n+1} = Px_n + \Delta s_U$$
$$Py_{n+1} = Py_n + \Delta s_V$$
$$Pz_{n+1} = Pz_n + \Delta s_W$$

(t1.2.1) Neues Polygon-Element für $Poly_2$ $\qquad Poly_2(Px_{n+1}, Py_{n+1}, Pz_{n+1})\ [L]$

(t1.2.2) Iteration Induktion

$\qquad$ Induzierte Geschwindigkeit $\quad [U,V,W]_{n+1} = F\ (Poly_1, Poly_2 .. Poly_m)$

(t1.2.3) $\qquad$ Verschiebung:
$$\Delta s_U = g(l_{s,U}) = \kappa_U \cdot U \quad [L]$$
$$\Delta s_V = g(l_{s,V}) = \kappa_V \cdot V \quad [L]$$
$$\Delta s_W = g(l_{s,W}) = \kappa_W \cdot W \quad [L]$$

(t1.2.4) $\qquad$ Koordinaten
$$Px_{n+1} = Px_n + \Delta s_U$$
$$Py_{n+1} = Py_n + \Delta s_V$$
$$Pz_{n+1} = Pz_n + \Delta s_W$$

(t1.m.1) $\qquad$ Neu: Polygon-Element $\qquad Poly_m(Px_{n+1}, Py_{n+1}, Pz_{n+1})\ [L]$

(t1.m.2) $\qquad$ Iteration Induktion

$\qquad$ Induzierte Geschwindigkeit $\quad [U,V,W]_{n+1} = F\ (Poly_1, Poly_2, ..\ Poly_m)$

(t1.m.3) $\qquad$ Verschiebung:
$$\Delta s_U = g(l_{s,U}) = \kappa_U \cdot U \quad [L]$$
$$\Delta s_V = g(l_{s,V}) = \kappa_V \cdot V \quad [L]$$
$$\Delta s_W = g(l_{s,W}) = \kappa_W \cdot W \quad [L]$$

(t1.m.4) $\qquad$ Koordinaten
$$Px_{n+1} = Px_n + \Delta s_U$$
$$Py_{n+1} = Py_n + \Delta s_V$$
$$Pz_{n+1} = Pz_n + \Delta s_W$$

..nächste zeitbasierte Iteration (t2)

(t2.1.1) Neues Polygon-Element für $\qquad Poly_1 \quad Poly_1(Px_{n+1}, Py_{n+1}, Pz_{n+1})\ [L]$

usw.

Implementiert ist das Simulationsprogramm in der matrizenbasierten Sprache SciLab[20]. Das Blockdiagramm stellt den Aufbau des Programsystems dar:

<u>Blockschaltbild einer Simulation mit expliziter Fluid-Filament-Wechselwirkung.</u>

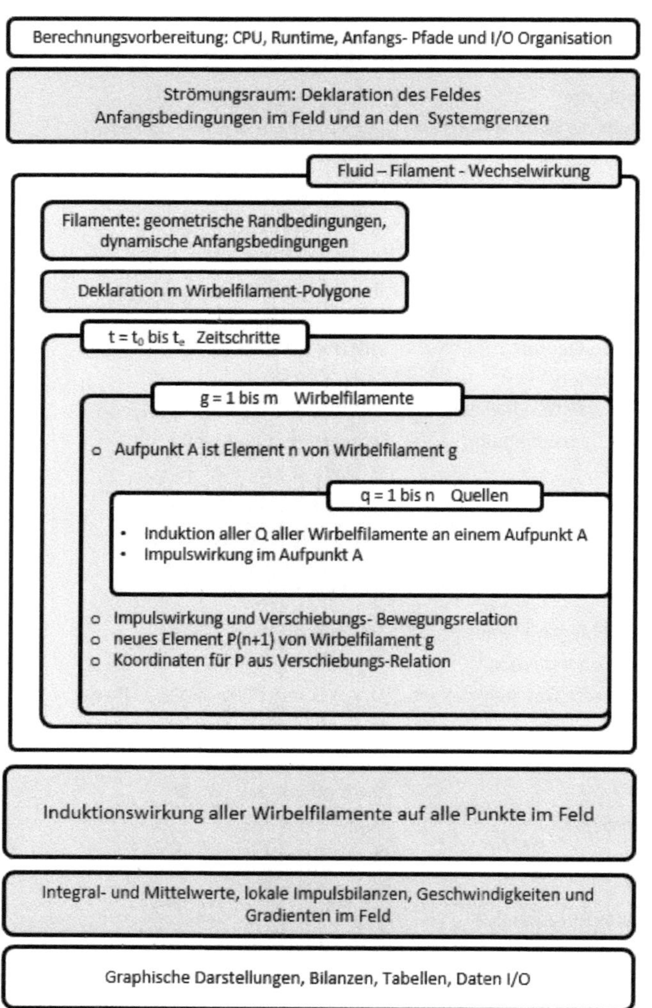

Dabei ist bemerkenswert, dass formal mathematisch ein Ramsay-Algorithmus n! Funktionen, also n!=n(n-1)! aufruft. In diesem Simulationsmodell jedoch besitzt jedes Wirbelfilament eine eigene temporale Legende im Sinne einer „Entsteh-ungsvergangenheit" aus impulswirksamen Teilsystemen. Jeder Ort auf jedem Wirbelfilament ist ein Quellpunkt; jeder Ort ist ein Aufpunkt. Nahe, aber auch entfernt von jedem Ort auf dem Wirbelfilament nimmt jede Wirbelquelle induktionswirksam Einfluss „auf sich selbst". In der ordnenden Funktionen-Matrix ist die Diagonale nun also nicht mit Null, sondern dort befindert sich in unserem Fall die „Eigeninduktion" jedes Wirbelfilaments. Darüber hinaus kumuliert die induzierte Geschwindigkeit in den Aufpunkten des Feldes.

Exemplarische Untersuchung. Abhängig von der Auflösung des Analyseraums kann die Simulationsaufgabe rasch anwachsen. Im hiesigen Modellansatz kann die Formentwicklung des Wirbelfilament-Kollektivs über einen weiten Synthese-zeitraum betrachtet werden (Abb.3. links im Bild). Die Berechnung des Strö-mungsfeldes ist auf die letzten 30X30X30 LE des Korridors begrenzt (Abb.3. rechts im Bild). Die hier dargestellte kreisrunde Anordnung der Ursprungspunkte der Wirbelspule entspricht dem physikalischen Modell eines biologischen Vogel-flügels, der einen Korridor durchsegelt, der ein ruhendes Fluid enthält.

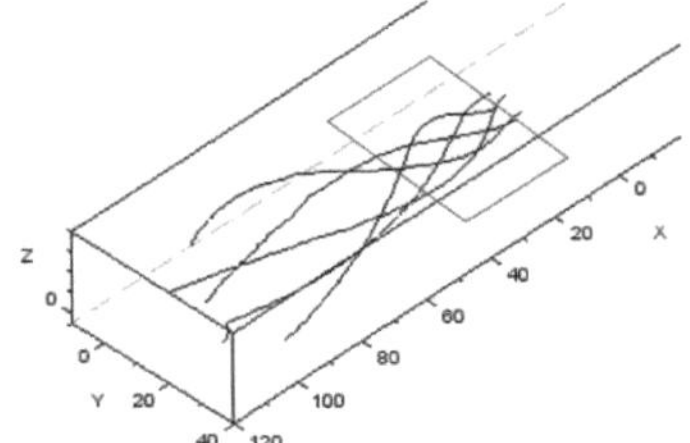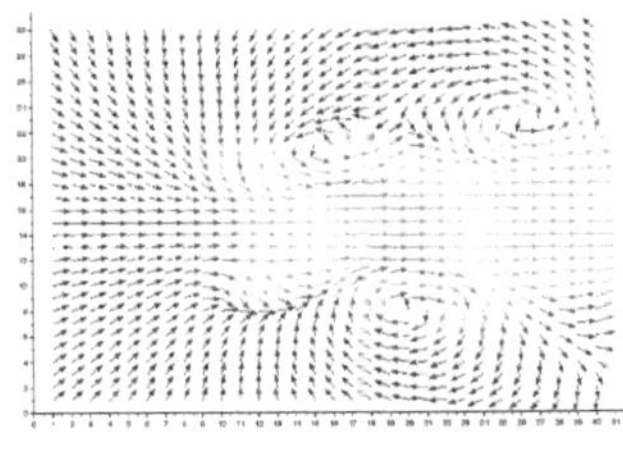

Abb.3: Eine 5-gängige Wirbelspule entsteht in einem 3D-Korricor (links im Bild). Der Strömungsraum wird durch Induktionswirkungen organisiert. Die Wirbelspule „pumpt" das Fluid durch ihr Inneres (von links anfachend nach rechts).

Zusammenfassung

Der (Segel-) Flug eines Auftrieb erzeugenden Aggregats durch ein ruhendes Fluid hinterlässt ein Wirbelmuster im fluidischen Raum. So die Theorie! Ein derartiges Strömungsgeschehen, bei dem zwei oder mehr miteinander kommunizierende Wirbelfadensysteme fluidmechanisch interagieren, so dass an jeder Stelle im Raum simultan Impulsaustausch herrscht, ist bislang noch **nicht experimentell untersucht** worden[21].

Modellrechnungen weisen aus, dass sich selbst überlassene Wirbelfilamente im Nachlauf einer Störkontur beginnen, „miteinander zu tanzen" um dieserart eine spiralige Struktur auszubilden. Diese theoretische Erkenntnis bestätigt die realen Beobachtungen und Messergebnisse fludmechanischer Wirbelspulen am Wind-kanal, obwohl das numerische Experiment die Verhältnisse (bewusst) umdreht: eine bewegte Störkontur durchliegt ein ruhendes Fluid.

Nun, das Wirkungsgefüge fluidmechanischer Wirbelspulen ist hier und dort durchaus komplex. Und es ist in keiner Weise auserforscht. Mit theoretischen Modellen kann gezeigt werden, dass in Modellen fluidmechanischer Wirbelspulen sich die Stromfäden verdichten, ähnlich einer Verdichtung der magnetischen Feldlinien in einem elektrischen Feld. Dies war die Voraussage der Übertragung einer allgemeinen Feldtheorie auf die strömungsmechanischen Belange eines dreidimensionalen fluidischen Feldes.

Der Formgebung einer Struktur aus sich überlassener Wirbelfilamente ist interaktiv. Ein Wechselwirkungsmodell interagierender Wirbelfäden ist aus Beobachtungen, strömungsmechanischen Untersuchungen und Messungen an Windkanälen (ruhende Störkontur, bewegtes Medium) motiviert und wird nunmehr auf ein stehendes Fluid angewandt (Korridormodell).

Der Aufsatz erarbeitet das Prinzip und die formalen Voraussetzungen der Modellierung und numerischen Simulation mehrgängiger (fünf~) fluidmechanisch wirksamer Wirbelspulensysteme aus Wirbelfilamenten vor dem Hintergrund selbstreferentieller Fluid-Filament-Wechselwirkungen und integriert eine numerische Ramsey-Permutations-Methode als einen algorithmischen Kern in ein Berechnungsverfahren für ein Strömungsfeld, das Wirbelspulensysteme enthält. Das Arbeitsergebnis ist die Simulation und Beschreibung einer Impulsinduktion, wie die – basierend auf experimentelle Windkanaluntersuchungen – in einem ruhenden fluidischen Raum (Korridor) erwartet werden.

Die numerische Methode und das Simulationsverfahren ist selbst geeignet, das Strömungsgeschehen um fluidmechanische Wirbelspulensysteme zu beschreiben. Zu guter Letzt, Superformance: Ich glaube Ja! Hohe Risiken, große Erwartungen, einzigartige Ergebnisse! Wirbelspulen, usw.: Ha! hier setzen wir an!

Epilog

Es zeigt sich, dass die Erforschung fluidmechanischer Wirbelspulen dieserzeit nicht auf der Agenda wissenschaftlicher Bemühungen steht. Gleichsam erlebe ich im Laboralltag und auch im Dialog mit jungen Hoffnungsträgern auf dem Gebiet der angewandten Fluidmechanik eine gewisse Skepsis gegenüber den rezenten Bemühungen einer „naturwissenschaftlichen" Infragestellung und der mitunter kritischen Betrachtungsweise der lehrmeinungsbewährten Fluidmechanik.

Die Lehrmeinung ist seit Jahren gefestigt, opak. Die numerische Simulation folgt in diesem Fall strikt der theoretischen, fluidmechanischen Fallhöhe. Und diese stagniert seit den 90er Jahren. Etliche fluidmechanische Phänomene können demnach nicht ausreichend erklärt werden, einfach deshalb, weil Computer-modelle vom Stand der Technik nur die herrschen Doktrin der numerischen Simulation abbilden. Abbilden können. Die systemischen Widerstände in der CFD-Szene sind für den Theoretiker schwer nachvollziehbar. Das möchte ich an dieser Stelle nicht weiter ausführen. Also gehe ich einen, meinen eigenen Weg. Ich selbst arbeite gerne mit der allgemeinen Feldtheorie, die – angewandt auf Strömung – Reibungsphänomene außeracht lässt und damit in der modernen Welt numerischer Simulationen regelmäßig eine gewisse Skepsis erzeugt.

Mein Ansinnen hat nicht die oft unterstellte Sturheit alter weißer Männer zur Ursache, sondern eher deren (typisch weiße) Ungeduld. Während meine geliebten, jungen Kollegen Stunden und Tage und Wochen auf ihre Berechnungs-ergebnisse warten müssen, fluppt die Potentialtheorie wunderhübsche Strömungsbilder im 50-Minuten-Takt auf den Bildschirm. Und aber ja: Das ist nicht die Realität! Soll sie auch nicht sein. Aber ein prinzipielles, fluidisches Wirkungs-Geschehen.

Denn genau darum geht es im Ingenieurwesen: Wir wollen wissen, was „prinzipiell" geschieht. Wir wollen wissen, was geschieht, wenn Tragflügel-systeme durch einen fluidischen Korridor schneiden, wir wollen wissen, WIE Wirbelstrukturen entstehen. Wir wollen wissen, was Wirbelfilamente mit dem stehenden Fluid anstellen. Und wir wollen wissen, ob es hier irgendwelche Potentiale gibt, um deren sich eine Annäherung lohnt. Ingenieure, Designerinnen und Technikerinnen sind nun einmal darauf konditioniert, Herleitungen für gestalterische Anwendungen aufzuspüren. Was sie von Naturwissenschaftlern unterscheidet. Insofern ist es dem Ingenieur, der Ingenieurin egal, ob ein numerisches Modell die Realität abbildet. Der Ingenieur, die Ingenieurin ist einzig und alleine daran interessiert, ob eine Wechselwirkung physikalisch taugt oder eben nicht! Insofern bin ich guter Hoffnung. Liebe Chemikerinnen und

Physikerinnen, wir sehen uns!

Bildanhang

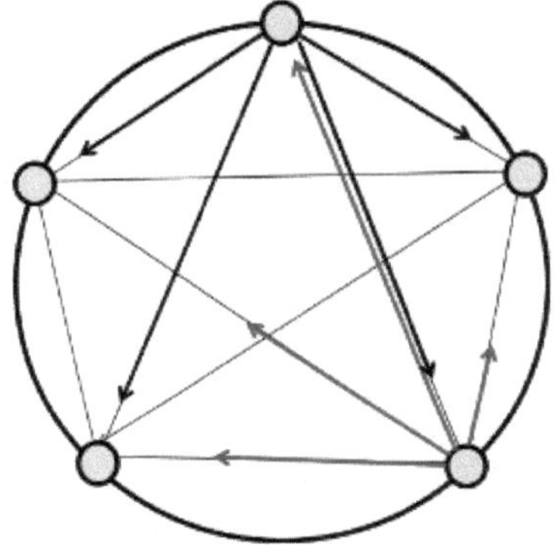

Abb.1: Ramseybeziehung von Wirkungsgraphen.

(eigene Darstellung, Michel Felgenhauer 2022)

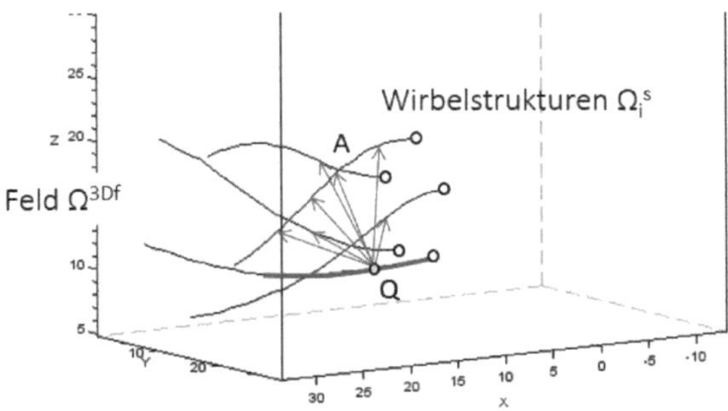

Abb.2: Räumliche Induktions-Wechselwirkung eines Kollektivs aus fünf Wirbelfäden. (eigene Darstellung, Michel Felgenhauer 2022)

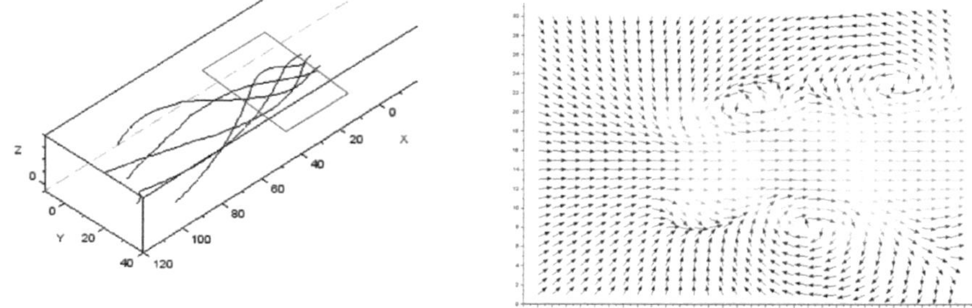

Abb.3: Eine 5-gängige Wirbelspule entsteht in einem 3D-Korridor (links im Bild). Der Strömungsraum wird durch Induktionswirkungen organisiert. Die Wirbelspule „pumpt" das Fluid!

(eigene Darstellung und Berechnung, Michel Felgenhauer 2022)

Bibliographie, Quellen und weiterführende Literatur

[Abbo-59]   Ira H. Abbott, Albert E. von Doenhoff: Theory of Wing Sections: Including a Summary of Airfoil Data. Dover Publications, New York 1959.

[DUB-95]   Dubbel, Handbuch des Maschinenbaus, Springer Verlag Berlin, 15.Auflage 1995.

[Eppl-90]   Richard Eppler: Airfoil Design and Data. Springer, Berlin, New York 1990.

[Fel 21-1]   Felgenhauer, Mi. (2021). Zur fraktalen Natur synthetischer Lundgren-Strukturen. On the fractal nature of synthetic Lundgren structures. GRIN-Verlag GmbH München, ISBN(e-Book):9783346346193, VNR: v987098

[Fel-20]   Felgenhauer, M. (2020) Die Verteilung von Induktionswirkungen Lagrange Kohärenter Objekte. Zur Topographie und Kondition von Geschwindigkeits-feldern. GRIN Verlag, München. ISBN 9783346142146

[Fel - 19-2]   Felgenhauer, Mi. (2019) BIONIK UND DIGITALE BILDVERARBEI-TUNG. Laterale Inhibition und Aktivierung. Grin Verlag München, ISBN(e-Book) 9783668874541, ISBN(Buch): 9783668874558

[Fel 19-6]   Felgenhauer, Mi. (2019)Über Wirbelschleifen, das Gesetz von Biot und Savart und komplexe Potentiale. About Vortex Loops. ISBN(e-Book 9783668920361, ISBN(Buch): 9783668920378

[Hal-10]   G. Haller. (2010) A variational theory of hyperbolic Lagrangian Coherent Structures. Physica D: Nonlinear Phenomena,240(7):574–598,2010.

[Hal-00]   G. Haller, G.Yuan Lagrangian coherent structures and mixing intwo-dimensional turbulence, Division of Applied Mathematics, Lefschetz Center for Dynamical Systems, Brown University, Providence, RI 02912, USA Received 11 February 2000;

[Hal-21] 1.   G. Haller, N. Aksamit & A.P. Encinas Bartos, Quasi-objective coherent structure diagnostics from single trajectories arXiv:2101.05903 (2021)

[Hal-00] Haller, G., Yuan, G., Lagrangian coherent structures and mixing in two-dimensional turbulence Physica D.,147 (2000) 352–370.

[HAL-01] Haller, G., Distinguished material surfaces and coherent structures in 3D fluid flows. Physica D149 (2001) 248-277.

[HAL-05] Haller, G., An objective definition of a vortex. J. Fluid Mech.,525 (2005) 1–26.

[HAL-16] Haller, G., Dynamically consistent rotation and stretch tensors from a dynamic polar decomposition. J. Mechanics and Physics of Solids,80 (2016) 70-93.

[HAL-13] Haller G., Beron-Vera F. J., Coherent Lagrangian vortices: the black holes of turbulence., J. Fluid Mech.,731 (2013) R4.

[HAL-16] Haller, G., Hadjighasem, A., Farazmand, M. and Huhn, F., Defining coherent vortices objectively from the vorticity. J. Fluid Mech. 795 (2016) 136-173.

[HAL-20] Haller, G., Katsanoulis, S., Holzner, M., Frohnapfel, B. and Gatti, D., Objective barriers to the transport of dynamically active vector fields J. Fluid Mech. 905 (2020) A17.

[HAL-15] Haller, G., Lagrangian coherent structures. Ann. Rev. Fluid Mech. 47 (2015) 137-162

[Kar-35] Karman von,T. Burgess J.M. (1935) General aerodynamic theory: perfect fluids, In Aerodynamic Theory vol. II (cd. W. F. Durand), p. 308. Leipzig: Springer Verlag.

[Katz-01] Joseph Katz, Allen Plotkin (2001) Low-Speed Aerodynamics (Cambridge Aerospace Series) Cambridge University Press; 2 edition (February 5, 2001)

[Kra-86] Krasny, R. (1986) Desingularization of Periodic Vortex Sheet Roll-up. Courant Instirute oJ' Mathematical Sciences, New York Unioersity, 251Mercer Street, Nen, York, New York 10012, received November 15, 1981; revised July 25, 1985

[Kreb-08-2] Krebber, B.: "i-mech". Untersuchung der intelligenten Mechanik von Fischflossen mit Hilfe von FSI- Simulation. Forschungsbericht der Technischen Fachhochschule Berlin 2007/08

[Kreb-08-1] Krebber, B., H.-D. Kleinschrodt und K. Hochkirch: (2008) Fluid-Struktur-Simulation zur Untersuchung intelligenter Mechanik von Fischflossen. ANSYS Conference & 26. CADFEM Users´ Meeting,

[Lech-14] Lecheler, S. (2014) Numerische Strömungsberechnung Springer Verlag Berlin Heidelberg. ISBN 978-3-658-05201-0

[Lun-82] T. S. Lundgren, T.S. (1982) Strained spiral vortex model for turbulent fine structure, The Physics of Fluids 25, 2193 (1982); https://doi.org/10.1063/1.863957

[Mof-84] Moffatt, K.H. (1984) Simple topological aspects of turbulent vorticity dynamics In: Turbulence and Chaotic Phenomena in Fluids, ed. T. Tatsumi (Elsevier) 223-230.

[Scha-13] Schade, H. (2013) Strömungslehre. De Gruyter Verlag. ISBN-13: 978-3110292213

[Sun-16] Sun,P.N., Colagrossi, A. Marrone, S. , Zhang, A.M, (2016) Detection of Lagrangian Coherent Structures in the SPH framework.

[Tham-08] Siekmann, H.E., Thamsen, P. U. (2008) Strömungslehre Grundlagen, Springer Verlag Berlin Heidelberg. ISBN 978-3-540-73727-8

[Vos-15-2]   M. Voß, H.-D. Kleinschrodt, Mi. Dienst: "Experimentelle und numerische Untersuchung der Fluid-Struktur-Interaktion flexibler Tragflügelprofile", Resarch Day 2015 - Stadt der Zukunft Tagungsband - 21.04.2015, Mensch und Buch Verlag Berlin, S. 180- 184, Hrsg.: M. Gross, S. von Klinski, Beuth Hochschule für Technik Berlin, September 2015, ISBN:978-3-86387-595-4.

[Vos-15-1]   M. Voss, P.U. Thamsen, H.-D. Kleinschrodt, Mi. Dienst (2015): "Experimeltal and numerical investigation on fluid-structure-interaction of auto-adaptive flexible foils", Conference on Modelling Fluid Flow (CMFF'15), Budapest, Ungarn, 1.-4. September 2015, ISBN (Buch): 978-963-313-190-9.

[Vos-15-2]   M. Voss, (2015) Experimentelle und numerische Untersuchung flexibler Tragflügelprofile. Dissertation, Technische Universität Berlin 2015.

[Zie - 72]   Zierep, J. (1972) Ähnlichkeitsgesetze und Modellregeln der Strömungs ehre.

Anmerkungen

---

[1] Zukunft als Hoffnung und Möglichkeit.

Nachdem die Brüder Epimetheus und Prometheus die wunderhübsche Pandora aufgenommen hatten, durchstöberte diese in einem heimlichen Moment das fremde Haus. Und siehe da, es fand sich ein reichverziertes kleines Gefäß (pithos). Argwöhnige Götter hatten es bei den Metheusens platziert. Kaum war die kleine Dose geöffnet, entwich alles Ungemach der Welt, alle Laster und Untugenden: Krankheit, Hunger, Zorn, Armut, Übel und Leid, das es vorher nicht gab. Bei Lichte besehen blieb nur noch ein kleines Würmchen in der unheilvollen Büchse geborgen, die Hoffnung.

Diese bereits von Hesiod (700 v. Chr.) überlieferte Geschichte wurde von Erasmus von Rotterdam in seinen „Adagiorum chiliades tres" (1508) nacherzählt. Nietzsche beschreibt (1878) in Menschliches, Allzumenschliches, die Hoffnung als das übelste aller Übel, weil der Mensch, auch noch so sehr durch die anderen Übel gequält fortfahre, sich immer von Neuem quälen zu lassen und die Hoffnung so letztlich die Qual verlängere. Der ursprüngliche Pandora-Mythos lässt offen, ob Hoffnung (in der griechischen Mythologie: "Elpis", die kleine Göttin der Hoffnung und des Leidens) ein gutes oder ein schreckliches Versprechen sei. „Hoffnung" ist im Norden die naheliegende Übersetzung aus dem Griechischen, tatsächlich aber wäre „Moral der Geschichte" eine treffende Interpretation, welche die Erwartungen guter als auch schlechter Ereignisse einschließt.

[2] (1) Impulse (physics), in mechanics, the change of momentum of an object; the integral of a force with respect to time. (2) Specific impulse, the change in momentum per unit mass of propellant of a propulsion system. (3) Momentum: In Newtonian mechanics, momentum (more specifically linear momentum or translational momentum) is the product of the mass and velocity of an object. It is a vector quantity, possessing a magnitude and a direction. If m is an object's mass and v is its velocity (also a vector quantity), then the object's momentum p is : p = m v .

[3] Der „Wirbelsatz von Crocco" bezeichnet einen 1937 von Luigi Crocco aufgestellten physikalischen Satz aus der Strömungsmechanik. Er besagt, dass für die stationäre Strömung eines reibungslosen, nicht-wärmeleitenden Gases unter Vernachlässigung äußerer Kräfte gilt:

($\underline{v} \times \mathrm{rot}\, \underline{v}$ = grad h – T grad s) mit Ruheenthalpie h, Temperatur T und Entropie s. Croccos Wirbelsatz besagt also, dass rotationsfreie Strömungen isentrop sind und umgekehrt, wobei vorausgesetzt wird, dass sie stationär sind, und Reibung sowie äußere Kräfte vernachlässigbar sind.

[4] Die Abteilung Physik Lebender Materie des Max-Planck-Instituts für Dynamik und Selbstorganisation (MPI-DS) hat einen Zusammenhang zwischen der Erzeugung von Entropie und den topologischen Eigenschaften eines Systems entdeckt.
https://www.ds.mpg.de/3938035/220608_topology

[5] [Fel 22-8]   Felgenhauer, Mi. (2022). Morphismen und Impulswirksamkeit Lagrange Kohärenter Fluids within Fluid Systeme. Zur Induktionswirkung topologisch gleicher Wirbelfilamente. GRIN-Verlag GmbH München, ISBN (Buch): 9783346599688, VNR: v1252942

[6] Impuls i [kg m s^{-1}], Geschwindigkeit v [ms^{-1}], spezifischer Impuls I_s = i/m [ms^{-1}] Volumen V [m^3], Dichte ρ [kg m^{-3}], Masse m = ρ V [kg], Kraft [N], spezifische Kraft f [ms^{-2}].

[7] in der Luftfahrt bezeichnet Abwind (englisch downwash) einen technischen Abwind, wie er von Flugzeugen und Hubschraubern von den Tragflächen bzw. Rotoren bei der Erzeugung von dynamischem Auftrieb entsteht.

[8] Nachdem ich mich tage- und wochenweise herumgequält hatte mit einer numerischen Formulierung zur Wirbelspulenproblematik, schickte ich eine Mail an einen der besten mir bekannten Physiker in der Berliner CFD-Szene, Dr. H, in English! Wenige Minuten später klingelte das Telefon, Hr. H.: „Aber Herr F.," sagte Dr. H. „so etwas rechnen wir gar nicht. Das ist doch nichtstationär"!

[9] M. Voss, (2015) Experimentelle und numerische Untersuchung flexbler Tragflügelprofile. Dissertation, Technische Universität Berlin 2015.

[10] Mehr noch: FwF-Systeme, die interaktiv sind in dem Sinne, dass sie ihre Umgebung zu „organisieren" in der Lage sind, kommen kaum oder erst jüngst in den Fokus

wissenschaftlicher Bemühungen, was vielleicht (nein sicher) eine Ursache darin hat, dass sie weiteren Kreisen bislang keinen wirtschaftlichen Nutzen versprechen.

[11] Die Ramseytheorie (nach Frank Plumpton Ramsey) ist ein Zweig der Kombinatorik innerhalb der Diskreten Mathematik. Sie behandelt die Frage, wie viele Elemente aus einer mit einer gewissen Struktur versehenen Menge ausgewählt werden müssen, damit diese Struktur in der Teilmenge wiedergefunden werden kann und eine bestimmte Eigenschaft erfüllt ist. Berühmte Sätze der Ramseytheorie haben dabei alle diese Eigenschaft gemeinsam.

[12] Die dort den Tag beherrschenden Entwicklungs-, Programmier- und Implementationsaufgaben binden derzeit die Kapazitäten. Habe ich den Eindruck. Weiterhin viel Glück und Erfolg. https://www.dive-solutions.de/

[13] Smoothed-particle hydrodynamics (SPH; deutsch: geglättete Teilchen-Hydrodynamik) ist eine numerische Methode, um die Hydrodynamischen Gleichungen zu lösen. Sie wird unter anderem in der Astrophysik, der Ballistik und bei Tsunami-Berechnungen eingesetzt. SPH ist eine Lagrange-Methode, d. h. die benutzten Koordinaten bewegen sich mit dem Fluid mit. SPH ist eine besonders einfach zu implementierende und robuste Methode.
https://de.wikipedia.org/wiki/Smoothed_Particle_Hydrodynamics

[14] Autopoiesis oder Autopoiese (altgriechisch autos, deutsch ‚selbst' und poiein „schaffen, bauen") ist der Prozess der Selbsterschaffung und -erhaltung eines Systems.
In der Biologie stellt das Konzept der Autopoiesis einen Versuch dar, das charakteristische Organisationsmerkmal von Lebewesen oder lebenden Systemen mit den Mitteln der Systemtheorie zu definieren. Der vom chilenischen Neurobiologen Humberto Maturana geprägte Begriff wurde in der Folge seiner Veröffentlichungen aufgebrochen und für verschiedene andere Gebiete wissenschaftlichen Schaffens abgewandelt und fruchtbar gemacht.
Das Konzept der Autopoiesis ist eine Teilmenge des allgemeiner gültigen ontologischen Konzepts der emergenten Selbstorganisation. Das Gegenteil ist Allopoiesis.
https://de.wikipedia.org/wiki/Autopoiesis

[15]Der Begriff Komposition kann von Funktionen auf Relationen und partielle Funktionen verallgemeinert werden.

[16] Die numerische Ausführung einer Funktion als Verkettung zweier oder mehrerer, im Allgemeinen einfacherer Funktionen ist in der Differentialrechnung (Kettenregel) und in der Integralrechnung (Substitutionsregel) gebräuchlich.

[17] Eine Permutation (lat. permutare ‚vertauschen') ist in der Kombinatorik eine Anordnung von Objekten in einer bestimmten Reihenfolge. Die Anzahl der Permutationen ergibt sich als Fakultät; z.B. 5!=120; und: 10!=3.6 10^6

[18] Beispiel: 5 Wirbelfilamente beschreibende Polygone sollen jeweils 10 Stützstellen aufweisen und gemeinsam auf ein Feld mit 30^3 Elementen wechselwirken. Eine Permutation aller Quellpunkte mit allen Aufpunkten dieser räumlichen (Ramsey-) Struktur erfordert (5 10! = 1.8 10^7) Funktionsaufrufe an jedem Ort im Feld, also insgesamt 9.8 10^{10} Funktionsaufrufe also etwa 10 gigaFLOP. Mein Arbeitsplatz-PC (er ist nicht der Jüngste) benötigt für Berechnung der Induktion in einem Feld mit 30^3 Elementen etwa 3000s (50 Minuten).
In computing, floating point operations per second (FLOPS, flops or flop/s) is a measure of computer performance, useful in fields of scientific computations that require floating-point calculations. For such cases, it is a more accurate measure than measuring instructions per second. https://en.wikipedia.org/wiki/FLOPS.

[19] Und war seinerzeit (in den 80er Jahren) Messergebnis an einem (realen) Strömungskanal. Die Modellvorstellung fluidmechanischer Wirbelspulen war anfangs das Motiv der avisierten Entwicklungsbemühungen (2020).

[20] Scilab ist ein umfangreiches, leistungsfähiges und freies Softwarepaket für Anwendungen aus der numerischen Mathematik. 2017 wurde Scilab Enterprises von der Firma ESI Group akquiriert.

[21] Nach Stand der Wissenschaft und Technik (12.2022), aus Veröffentlichungen und Patentschriften im deutsch und englischsprachigen Raum.